Inhalt

Konfetti Karlo

- Im Heft findest du Regeln und Tipps, die dir beim Lösen der Aufgaben helfen.
- Aufgepasst: Die Aufgaben mit einer  sind etwas schwieriger.
- Lege ein leeres Heft bereit, in dem du die Aufgaben rechnen kannst.
- Lege die  auf die roten Lösungsfelder, dann werden die richtigen Ergebnisse sichtbar.

So kannst du auch sagen:

addieren	–	zusammenzählen
subtrahieren	–	abziehen
multiplizieren	–	malnehmen
dividieren	–	teilen

Grundrechenarten bis 100

1 Pia und ihre Freundinnen sammeln Kastanien.
Wer hat die meisten Kastanien im Korb?
Rechne jeweils aus. Der Tipp hilft dir.

Pia: 18 + 15 = 18 + 10 + 5 = ____

Anke: 21 + 17 = ____________ = ____

Steffi: 25 + 18 = ____________ = ____

Lisa: 16 + 25 = ____________ = ____

Tipp So fällt dir das Rechnen leichter:
Zerlege die zweite Zahl in Zehner und Einer.

Beispiel: 32 + 19 = 32 + 10 + 9 = 51

2 Wer von den Mädchen hat mehr Kastanien:
Pia und Steffi oder Anke und Lisa?
Schreibe die passenden Aufgaben und rechne.

Pia und Steffi: ____________________

Anke und Lisa: ____________________

3 Verbinde jede Aufgabe mit dem passenden Blatt.

a) 84 – 6 = ______

b) 96 – 13 = ______

c) 37 – 12 = ______

d) 81 – 5 = ______

e) 48 – 23 = ______

f) 79 – 30 = ______

4 Karlo füllt die Hundertertafel aus. Hilfst du ihm?

a) Ergänze die Zahlen auf der Hundertertafel.

1	2	3	4			7	8	9	10
11	12	13		15	16		18	19	20
	22		24	25	26	27		29	30
31		33	34	35	36	37	38		40
41		43	44	45	46	47	48		50
51	52		54	55	56	57		59	60
61	62	63		65	66		68	69	70
71	72	73	74			77		79	
81	82	83	84	85		87		89	
91	92	93	94	95	96				

b) Unterstreiche die Zahlen in Aufgabe a) farbig.

Fünferreihe: 5, 10 …

Achterreihe: 8, 16 …

Das kleine Einmaleins

1 Tina und ihre Mutter sind im Garten. Sie setzen Blumenzwiebeln. Wie viele Pflanzen brauchen sie von jeder Sorte? Rechne aus und trage ein.

a) 5 • 7 = ______

b) 4 • 7 = ______

c) 6 • 7 = ______

d) 7 • 7 = ______

e) 3 • 7 = ______

Tipp Manchmal werden Mal-Aufgaben leichter, wenn du die Zahlen umdrehst.

Beispiel: 2 • 7 = 14

7 • 2 = 14

2 Rechne und male die Ergebnisfelder an.

linke Spalte:	rechte Spalte:
6 • 3 = ______	7 • 5 = ______
3 • 3 = ______	6 • 4 = ______
4 • 4 = ______	8 • 6 = ______
2 • 7 = ______	9 • 8 = ______
9 • 2 = ______	8 • 7 = ______
	4 • 8 = ______

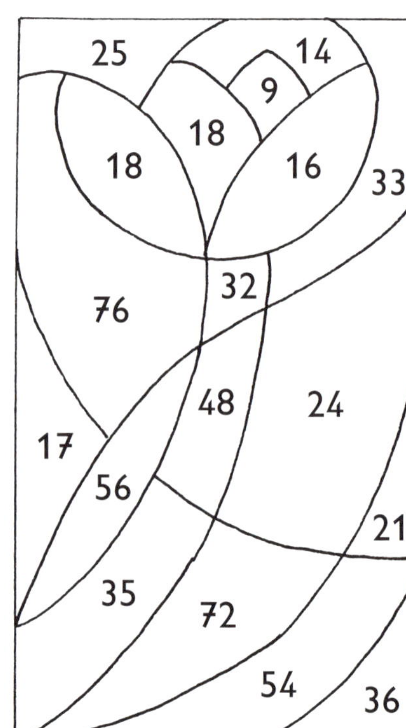

3 Trage die fehlenden Zahlen in die Blumen ein.

 • 2 = 18

 • 9 = 45

 • 3 = 27

 • 9 = 36

 • 8 = 72

 • 6 = 54

4 Welche Aufgaben haben das gleiche Ergebnis?
Verbinde die passenden Blütenblätter miteinander.

5 Welche Zahlen fehlen in der Tabelle?
Rechne aus und trage die Ergebnisse ein.

•	3	5	8	2	4	6	9
7						42	
5					20		
2			16				
6				12			
9	27						
8							72
3			24				
4				8			

Zahlenraum bis 1000

1 Anna, Jens und ihre Eltern zielen mit Kugeln in Gefäße.
Wer hat die meisten Punkte? Rechne aus.
Beachte: Die Kugeln haben unterschiedliche Werte.
Die Regel und das Beispiel helfen dir.

Anna: 3 H + 6 Z + 2 E

300 + 60 + 2 = 362

Jens: ____________

____

Papa: ____________

____

Mama: ____________

____

Regel 10 Einer (E) = 1 Zehner (Z)
10 Zehner (Z) = 1 Hunderter (H)
10 Hunderter (H) = 1 Tausender (T)

2 Konfetti wirft Kugeln in eine Schüssel. Verbinde die Zahlen der Größe nach und du siehst das Muster auf der Schüssel. Beginne mit der kleinsten Zahl.

3 Anna und Jens versuchen die Kugeln so weit wie möglich zu werfen. Trage die richtigen Zahlen ein.

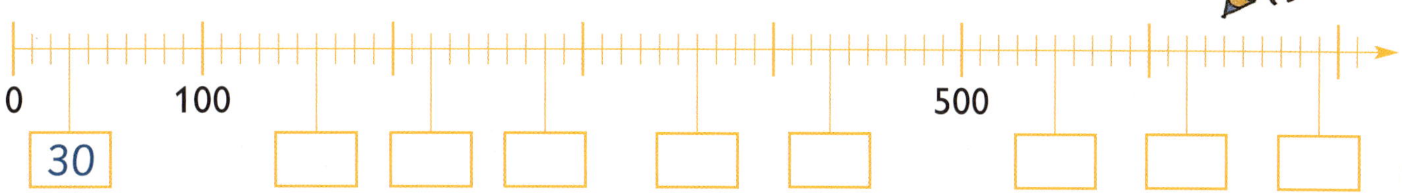

4 Schneide das Domino auf Seite 31 aus. Beginne mit dem Startstein und lege jeweils den passenden Dominostein an.

5 Kannst du die Nachbarzahlen eintragen?

Nachbarzehner:				Nachbarhunderter:		
a)	226			a)	137	
b)	117			b)	471	
c)	848			c)	944	

[redacted] [redacted]

Einmaleins mit Zehnerzahlen

1 Der Marktverkäufer hat 8 Kisten gestapelt. In jeder Kiste sind 30 Äpfel. Wie viele Äpfel sind es insgesamt? Rechne im Kopf. Der Tipp hilft dir.

Tipp Das hilft dir beim Rechnen mit Zehnerzahlen: Rechne erst ohne Nullen und hänge die Nullen im Ergebnis wieder an.

Beispiel: 6 • 40 = 240
Rechne: 6 • 4 = 24
6 • 40 = 240

2 Wie viele Früchte sind es jeweils? Rechne aus.

 • 20 = 4 • 20 = 80

 • 50 = ______________

 • 30 = ______________

 • 40 = ______________

 • 60 = ______________

3 Auf dem Markt ist einiges los. Schau dir das Bild genau an und rechne die Aufgaben aus.

7 • 20 = ______

5 • 60 = ______

3 • 90 = ______

8 • 30 = ______

4 Kannst du die fehlenden Zahlen eintragen?

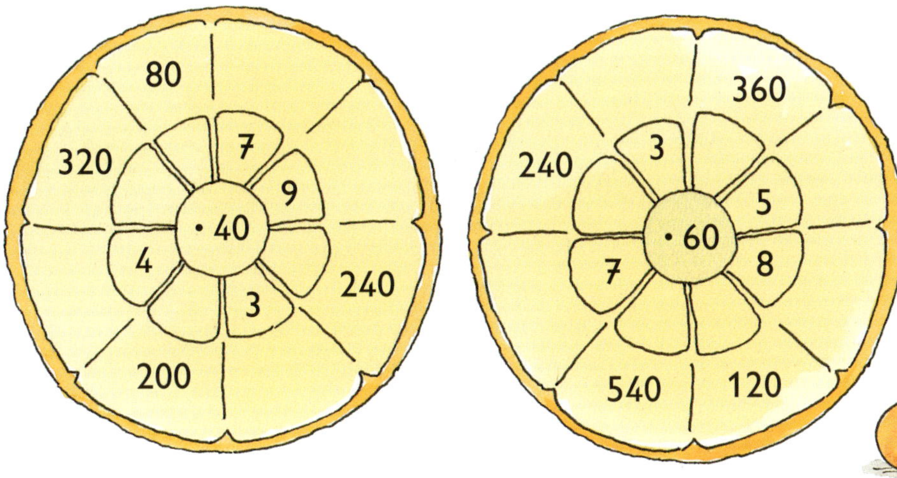

5 Verbinde die Früchte mit den passenden Schalen.

6 Was ist in der Obstkiste? Rechne aus und male die Lösungsfelder gelb an. Dann siehst du es.

______ · 30 = 210

6 · 80 = ______

______ · 50 = 450

4 · 60 = ______

8 · 70 = ______

9 · ______ = 810

______ · 90 = 360

Halbschriftliche Addition

1 Es ist Schulfest. Im Schulhof hängen 214 gelbe und 253 rote Fähnchen. Wie viele Fähnchen sind es insgesamt? Rechne halbschriftlich. Der Tipp hilft dir.

214 + 253 = ____

Es sind insgesamt ______ Fähnchen.

Tipp Du kannst halbschriftlich addieren, indem du die Zahlen zerlegst.

Beispiel:

123 + 264 = 387

123 + 200 = 323	1. Hunderter der zweiten Zahl addieren
323 + 60 = 383	2. Zehner der zweiten Zahl addieren
383 + 4 = 387	3. Einer der zweiten Zahl addieren

Oder so:

123 + 264 = 387

100 + 200 = 300	1. Hunderter der beiden Zahlen addieren
20 + 60 = 80	2. Zehner der beiden Zahlen addieren
3 + 4 = 7	3. Einer der beiden Zahlen addieren
	4. Alle Ergebnisse addieren

2 Wie viele Kinder kommen zum Fest? Rechne aus.

125 + 137 = ____

3 Beim Fest gibt es verschiedene Torten.
Rechne die Aufgaben im Heft.

4 Ergänze die fehlenden Zahlen auf den Luftballons.

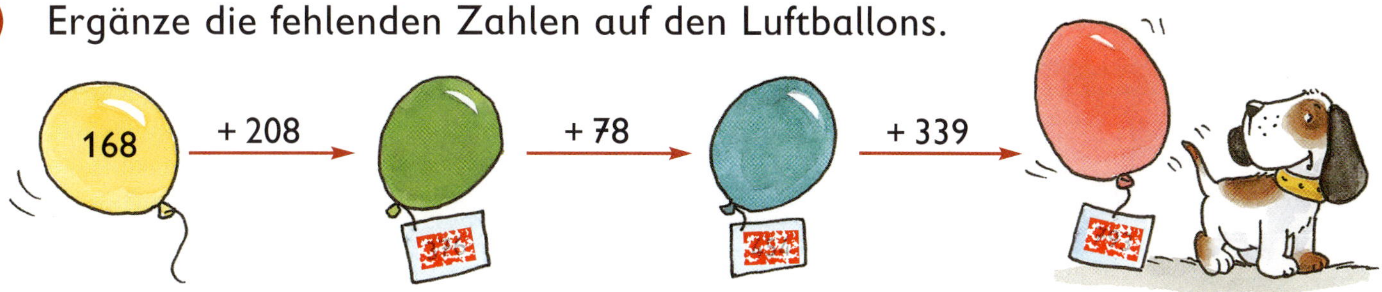

5 Wer arbeitet viel beim Fest? Rechne aus. Suche zu jedem Ergebnis den passenden Buchstaben. Trage die Lösungsbuchstaben in die Kästchen ein.

a) 171 + 829 = 1000
b) 287 + 149 = ______
c) 406 + 518 = ______
d) 89 + 165 = ______
e) 645 + 99 = ______
f) 462 + 39 = ______
g) 722 + 89 = ______
h) 387 + 564 = ______
i) 364 + 70 = ______
j) 333 + 444 = ______
k) 24 + 500 = ______

924 = U	434 = T
436 = A	1 000 = H
744 = M	951 = S
254 = S	777 = E
501 = E	524 = R
811 = I	

a	b	c	d	e	f	g	h	i	j	k
H										

Schriftliche Addition

1 Laura und Paul sind in den Ferien am Meer. Sie sammeln Muscheln. Wie viele haben sie zusammen? Rechne aus. Die Regel hilft dir.

Sie haben zusammen ______ Muscheln.

Regel So addierst du schriftlich:

Beispiel:

```
 H Z E
 1 2 9
+3 4 2
   1
------
 4 7 1
```

1. Schreibe die Zahlen stellenrichtig untereinander.
2. Einer (E) addieren, achte auf den Übertrag.
3. Zehner (Z) addieren
4. Hunderter (H) addieren

2 Welche Muschel kommt in welchen Eimer? Rechne die Aufgaben im Heft und verbinde.

3 Kreise die Aufgabe mit dem höchsten Ergebnis ein.

832 + 166 = ______

493 + 280 = ______

576 + 214 = ______

604 + 177 = ______

482 + 333 = ______

567 + 272 = ______

4 Ergänze die fehlenden Zahlen auf der Sandburg.

5 Kannst du die Zahlen auf den Schwimmringen richtig einsetzen? Rechne die Aufgaben aus. Trage die passenden Zahlen ein.

	2	3	☐
+	3	☐	2
	5	7	9

[redacted]

	5	☐	6
+	1	3	4
	6	8	☐

[redacted]

	8	9	3
+		1	☐
	☐	1	1

[redacted]

	4	☐	1
+	1	6	7
	6	0	☐

[redacted]

Schriftliche Addition ...

1 Moni und Lea machen ein Obst-Picknick.
Wer von den beiden hat mehr g Früchte dabei?
Trage die Ergebnisse ein. Der Tipp hilft dir.

Moni:

	3 5 0 g	Kirschen
+	2 8 0 g	Bananen
+	2 9 0 g	Äpfel
	______	

Lea:

	4 5 0 g	Bananen
+	2 4 0 g	Äpfel
+	2 2 0 g	Kirschen
	______	

Tipp Beachte die Regel von Seite 12.
Achtung: Berücksichtige den Übertrag.
Beispiel:

```
   1 5 8
 +   9 9
 + 6 8 5
   2 2
 -------
   9 4 2
```

2 Aus der Kiste mit einem Ergebnis kleiner als 900 klaut Konfetti einen Apfel. Welche Kiste ist es?

Konfetti klaut den Apfel aus der ______________ Kiste.

… mit mehreren Zahlen

3 Rechne die Aufgaben auf der Picknickdecke.

212	607	412
+ 145	+ 312	+ 279
+ 319	+ 63	+ 298

4 Nach dem Picknick spielen die Mädchen ein Spiel.
Jedes der beiden würfelt dreimal nacheinander mit drei Würfeln und notiert sich die Zahl.
Wer hat am Schluss die meisten Punkte?

Moni:

321
+ 615
+ 213

Lea:

545
+ 126
+ 362

5 Suche für Karlo den kürzesten Weg nach Hause.
Das ist der Weg mit dem niedrigsten Ergebnis.
Schreibe die Zahlen stellenrichtig in dein Heft und addiere sie.

Halbschriftliche Subtraktion

1 Der Tierwärter bringt den Elefanten 800 kg Futter. Sie fressen 724 kg. Wie viel kg Futter bleibt übrig? Rechne halbschriftlich. Der Tipp hilft dir.

800 – 724 = ______

Es bleiben ______ kg Futter übrig.

Tipp Du kannst halbschriftlich subtrahieren, indem du die Zahlen zerlegst.

Beispiel:

785 – 248 = 537

785 – 200 = 585	1. Hunderter der zweiten Zahl subtrahieren
585 – 40 = 545	2. Zehner der zweiten Zahl subtrahieren
545 – 8 = 537	3. Einer der zweiten Zahl subtrahieren

2 Wie viel Futter bleibt übrig? Rechne in deinem Heft.

3 Karlo fotografiert das Tier mit der Ergebniszahl 444.
Rechne aus und umkreise das entsprechende Tier.

4 Welches Tier lebt im Zoo? Rechne aus und
male die Felder mit den Lösungszahlen grau an.

723 – 318 = ______

437 – 419 = ______

219 – 147 = ______

808 – 489 = ______

671 – 494 = ______

931 – 658 = ______

789 – 445 = ______

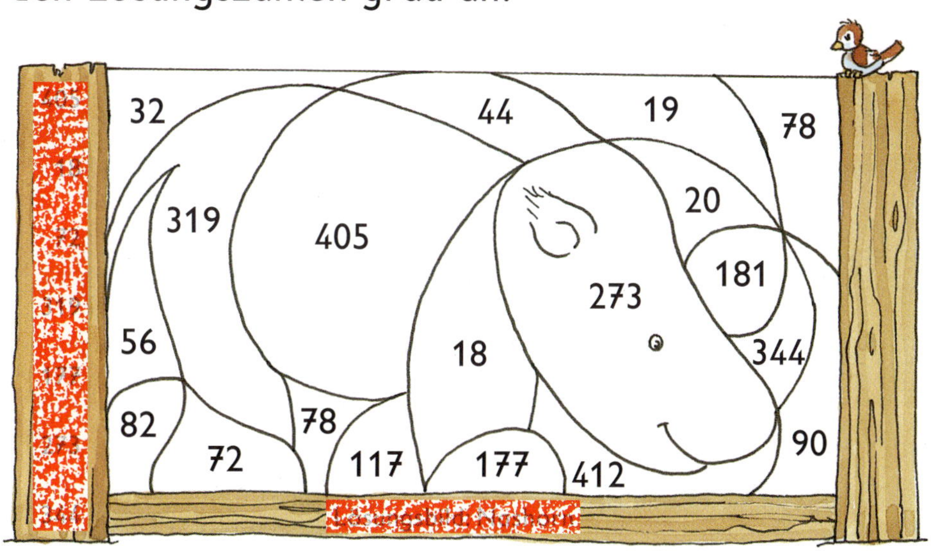

5 Findest du die richtigen Zahlen?
Rechne aus und trage sie auf den Fischen ein.

a) 378 – ___ = 113

b) 678 – 432 = ___

c) 251 – ___ = 43

d) 833 – 239 = ___

Schriftliche Subtraktion

1 Die Schüler haben heute im Freien Sportunterricht. Sie machen Weitsprung. Nina springt 278 cm weit, Tina 36 cm weniger. Wie weit springt Tina? Rechne schriftlich. Der Tipp hilft dir.

H Z E		
2 7 8	[redacted]	Denn 6 + gleich .
−		Denn 3 + gleich .
		[redacted]

Tipp Subtrahiere, wie du es aus der Schule kennst.
Hier siehst du eine Möglichkeit (Ergänzen):
Beginne immer mit den Einern.
Rechne die Aufgabe von unten nach oben.
Beispiel:

H Z E	
4 3 5	Denn 3 + 2 gleich 5.
− 2 2 3	Denn 2 + 1 gleich 3.
2 1 2	Denn 2 + 2 gleich 4.

2 Konfetti hat die Turnschuhe der Kinder durcheinandergebracht. Rechne die Aufgaben und umkreise die beiden Schuhe mit dem gleichen Ergebnis.

a) 435 − 221 = ______

b) 587 − 72 = ______

c) 117 − 13 = ______

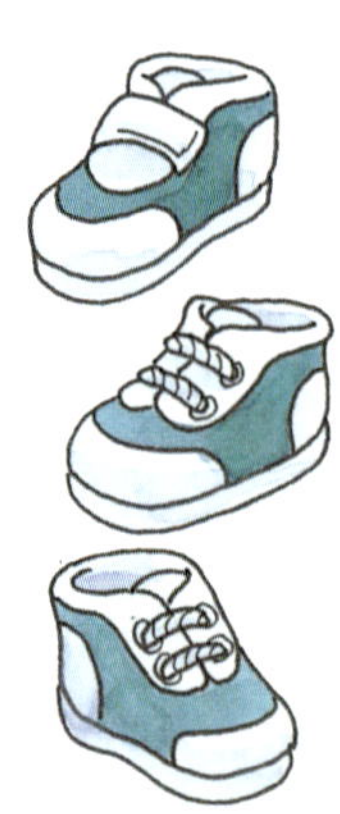

d) 653 − 342 = ______

e) 314 − 100 = ______

f) 268 − 44 = ______

3 Die Kinder spielen auch Fußball. Welche Aufgabe im Tor passt jeweils zum Ball? Unterstreiche.

4 Trage die fehlenden Zahlen auf den Bällen ein.

597 – ◯ = 374 689 – ◯ = 353

5 Welche Hindernisse überspringen Jonas und Tim, um zum Ziel zu gelangen? Die Lösungszahl steht jeweils im nächsten Hindernis. Zeichne den Weg ein.

Schriftliche Subtraktion mit Übertrag

1 Heike macht mit Freunden einen Einkaufsbummel. Sie hat 200 € gespart. Wie viel Geld hat sie übrig, wenn sie die Inlineskater im Schaufenster kauft? Berechne schriftlich. Die Regel hilft dir.

Ich habe noch ______ € übrig.

Tipp So kannst du durch Ergänzen schriftlich mit Übertrag subtrahieren: Du musst mit Übertrag rechnen, wenn die Stelle der unteren Zahl größer als die Stelle der oberen Zahl ist.

Beispiel:

192	5 + 7 = 12
– 75 (Übertrag 1)	1 + 7 + 1 = 9
117	

2 Wie viel Geld haben Heikes Freunde noch übrig? Berechne schriftlich in deinem Heft.

3 Trage die Ergebnisse in die äußeren Felder ein.

4 Was kauft Karlo? Rechne aus. Schreibe hinter das Ergebnis den passenden Buchstaben.

a) 387 − 190 = 197 T

462 − 272 = ____

843 − 561 = ____

709 − 688 = ____

b) 100 − 83 = ____

325 − 166 = ____

258 − 77 = ____

601 − 99 = ____

197	502	181	190	17	282	159	21
T	E	S	U	H	R	O	N

5 Auf den Kassenzetteln fehlen Zahlen. Ergänze sie.

1 9 ☐ [redacted]
− ☐ ☐ 9 [redacted]
1
———
1 9

☐ ☐ 3 [redacted]
− 2 6 2
1
———
1 9 ☐ [redacted]

Halbschriftliche Multiplikation

1 Marion verbringt eine Woche auf dem Ponyhof. Sie reitet jeden Tag 14 km. Wie viele km reitet sie in 7 Tagen? Rechne halbschriftlich. Die Regel hilft dir.

Ich reite in 7 Tagen ______ km.

Tipp So multiplizierst du halbschriftlich:

Beispiel:

314 • 3 = ?	
300 • 3 = 900	Erst mit den Hundertern multiplizieren,
10 • 3 = 30	dann mit den Zehnern,
4 • 3 = 12	dann mit den Einern.

Zum Schluss die Teilergebnisse addieren:
900 + 30 + 12 = 942.

2 Marions Sattel hat das Ergebnis 182.
Welcher ist es? Kreise ihn ein.

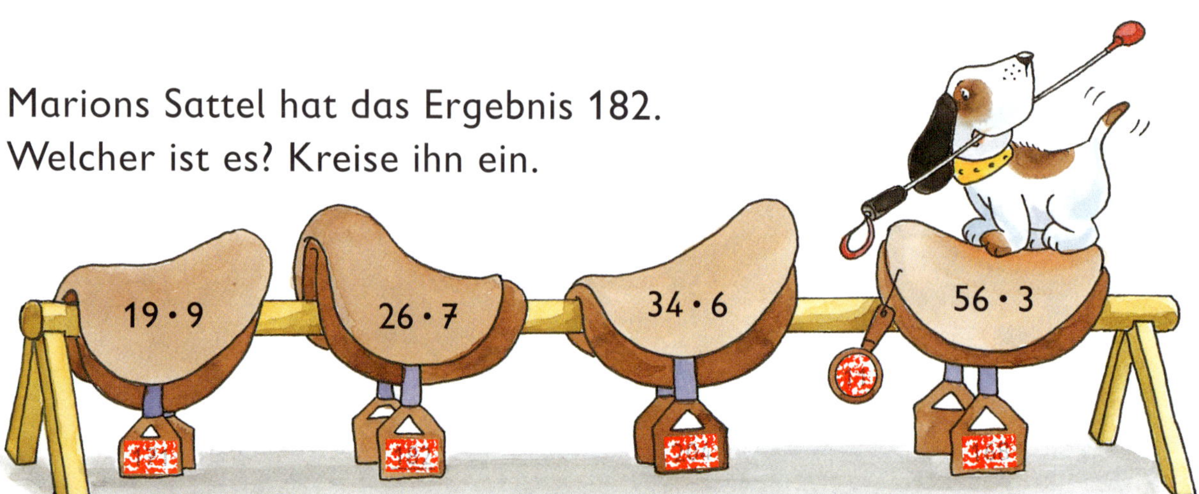

3 Rechne die Aufgaben in deinem Heft.
Welches Hufeisen hat das höchste Ergebnis?

- 32 • 9 ____
- 91 • 6 ____
- 33 • 5 ____
- 76 • 2 ____
- 24 • 8 ____
- 47 • 4 ____

4 Was fressen die Ponys am liebsten? Rechne aus
und verbinde jedes Pony mit dem richtigen Futter.

5 Rechne die Aufgaben so schnell wie möglich.
Welche Aufgaben haben das gleiche Ergebnis?

a) 3 • 2		• 5		• 7		• 4	
b) 7 • 4		• 4		• 3		• 2	
c) 3 • 4		• 7		• 5		• 2	

Halbschriftliche Division

1 Thomas hat ein großes Glas mit 76 Bonbons zu seinem Geburtstag bekommen. Er verteilt die Bonbons gleichmäßig an jedes Kind. Berechne, wie viele Bonbons jedes Kind bekommt.

76 : 4 = ____

Jedes Kind bekommt

____ Bonbons.

Tipp Zerlege beim halbschriftlichen Dividieren die Aufgabe in Teilaufgaben, die beim Teilen aufgehen.

Beispiel:

735 : 3 =

600 : 3 = 200 — 735 wird zerlegt in 600,
120 : 3 = 40 — in 120
15 : 3 = 5 — und in 15.

Zum Schluss alle Teilergebnisse addieren:
200 + 40 + 5 = 245.

2 Thomas Mutter holt die Torte mit dem höchsten Ergebnis aus dem Kühlschrank. Welche ist es?

96 : 8 = ____

88 : 4 = ____

3 Rechne und schreibe die passenden Ergebnisse auf die Geschenke.

4 Möchtest du wissen, wie alt Thomas wird? Dann rechne die Aufgabe und male die passende Anzahl an Kerzen auf die Geburtstagstorte.

896 : 8 → ____ : 4 → ____ : 4 → ____

5 Welches Geschenk hat Konfetti im Garten versteckt? Rechne aus. Die Buchstaben an den richtigen Büschen ergeben das Lösungswort.

36 : 2 = 18
88 : 8 = ____
115 : 5 = ____
78 : 3 = ____
540 : 9 = ____
92 : 4 = ____
480 : 6 = ____
84 : 7 = ____

Textaufgaben

1 Lea und Sarah fahren heute mit dem Bus zum Fahrradübungsplatz. Für die Hin- und Rückfahrt kaufen sie insgesamt 4 Fahrkarten. Eine Fahrkarte kostet 85 ct. Überlege, wie viel € sie bezahlen.

Frage: ____________________

____

Zeichnung:

Rechnung: ____________________

Antwort: ____________________

____

Tipp So kannst du Textaufgaben leichter lösen:

1. Lies dir die Aufgabe genau durch.
2. Was du schon weißt, unterstreichst du blau.
3. Was du wissen willst, unterstreichst du rot.
4. Vielleicht hilft dir eine Zeichnung.
5. Überlege dir einen Rechenweg.

2 Auf dem Fahrradübungsplatz fährt Lea 3 Runden und Sarah 5 Runden. Eine Runde hat 123 m. Wie viele m fahren die beiden insgesamt?

Rechnung: ____________________

____

____

Antwort: ____________________

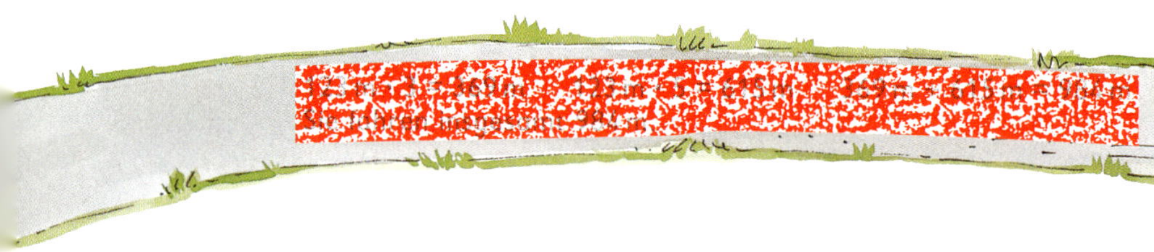

3 Auf dem Übungsplatz gibt es 160 Hindernisse.
Jedes Kind umfährt ein Viertel davon. Rechne aus,
wie viele Hindernisse jedes Kind umfährt.

Frage: ________________________________

Rechnung: ______________________________

Antwort: _______________________________

4 Beim Radfahren bekommen Sarah und Lea Durst.
Sie mischen eine Flasche Apfelsaft (330 ml) und eine
Flasche Wasser (350 ml). Jedes der Kinder trinkt
die Hälfte. Überlege, wie viele ml jeder trinkt.

Frage: ________________________________

Rechnung: ______________________________

____

Antwort: _______________________________

5 Karlo und Konfetti machen eine 9-tägige Wanderung.
Die Strecke ist insgesamt 315 km lang.
Jeden Tag legen sie eine gleich lange Strecke zurück.
Rechne aus, wie viele km lang eine Tagestour ist.

Frage: ________________________

____

Rechnung: ______________________

____

____

Antwort: _______________________

____

Wiederholung

1 Trage die fehlenden Zahlen ein.

2 Rechne die Aufgaben auf den Puzzleteilen aus.
Unterstreiche alle geraden Ergebnisse.

3 Schneide die Spielmaterialien auf Seite 31 aus.
Beim Legespiel musst du die Formen richtig
anlegen. Puzzle mit der gelben Seite. Mische neu:
Schaffst du auch die blaue Seite? Was siehst du?

4 Welches Segel passt zu welchem Boot?
Rechne die Aufgaben und verbinde.

5 Karlo kauft 3 Äpfel, 4 Becher Joghurt und 7 Bananen.
Rechne aus, wie viel er bezahlen muss, und gib
das Ergebnis in € an.

Frage: ______________________________

Rechnung: ______________________________

____

Antwort: ______________________________

6 Rechne die Aufgaben in deinem Heft.

Knack den Code

Auf jeder Doppelseite findest du eine kleine braune Lupe. Darin steht jeweils eine Zahl.

- Schreibe die Zahlen nacheinander auf die Linien.
- Ersetze sie dann durch die Buchstaben, die auf dem Zettel versteckt sind: zum Beispiel 9 durch den Buchstaben T.
- Trage jeweils den passenden Buchstaben unter der Zahl ein. Wie heißt der Lösungssatz?

CODE

9 =	16 =
22 =	20 =
3 =	6 =
14 =	11 =
7 =	4 =

___ ___ ___   ___ ___ 14 ___ ___ ___

11 ___ ___ ___ ___ ___ 3 ___ !

Code geknackt:

Datum

Mein Detektivname

Fingerabdruck

Unterschrift

Spielmaterial zum Ausschneiden

Domino für das Spiel auf Seite 7

Mit deiner Lösungslupe kannst du die Lösungen auf der Rückseite der Karte lesen.

Start 534 + 200	734 – 22	712 – 343
369 + 79	448 + 231	679 – 59
620 + 89	709 – 11	698 + 2
700 – 335	365 + 23	388 Ziel

Formen für das Legespiel auf Seite 28

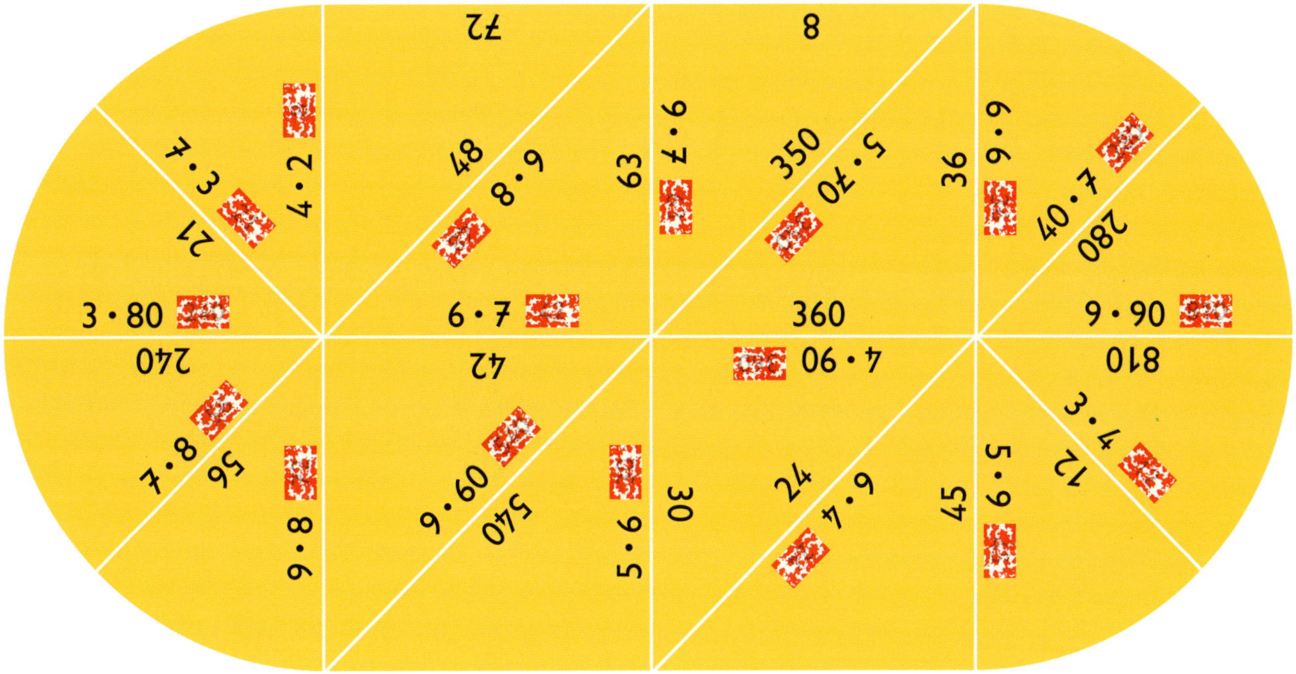

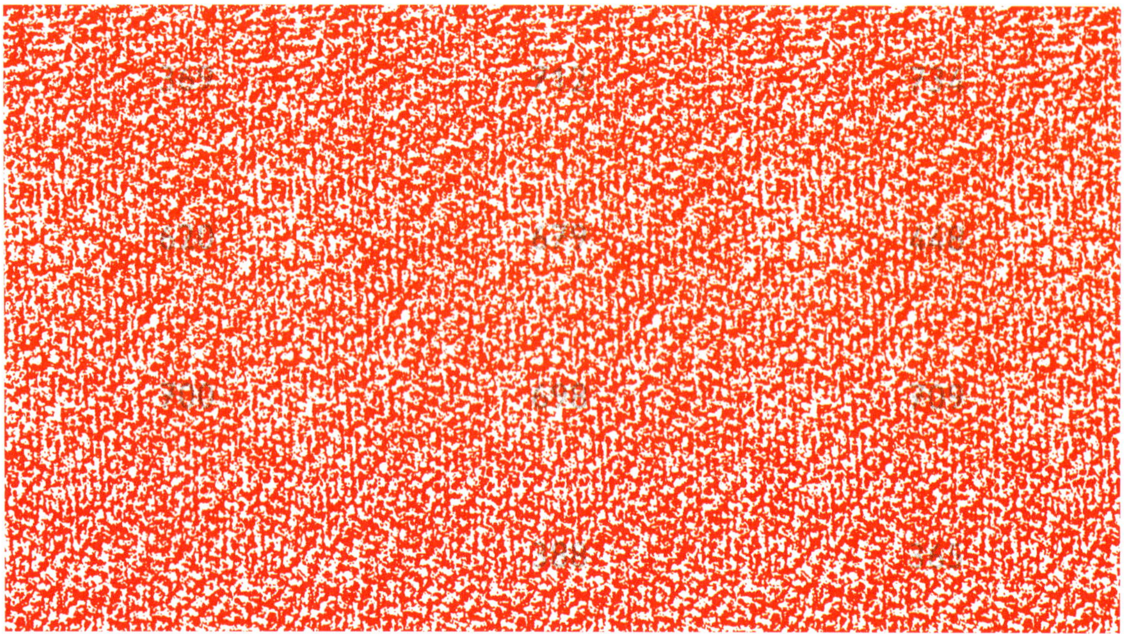

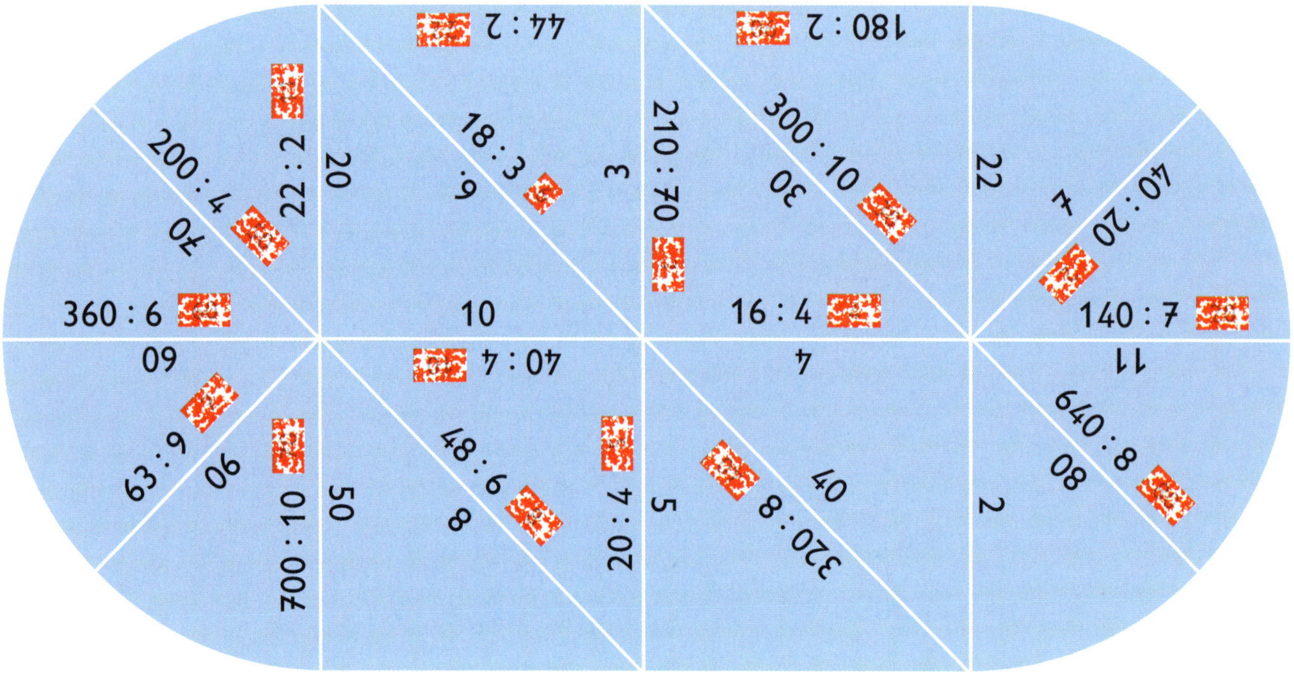

44 : 2
180 : 2
22 : 2
200 : 4
18 : 3
6
3
210 : 70
300 : 10
30
22
40 : 20
7
20
70
360 : 6
10
16 : 4
140 : 7
11
60
40 : 4
4
640 : 8
63 : 9
90
48 : 6
8
20 : 4
5
320 : 8
40
80
2
700 : 10
50

Typografie
Grafische Gestaltung steht im Spannungsfeld zwischen Schrift und Bild. Dabei erfahren die sozialkritischen, analytischen und poetischen Aspekte des Bildes eine Steigerung. Durch die Technologie sind Schrift und Bild wieder zusammengeführt worden. Den Gestaltungsmöglichkeiten sind technisch keine Grenzen mehr gesetzt. Die zwei Filmplakate sind in der Fachklasse Typografischer Gestalter (1992–1994) in Zürich bei Hans Rudolf Bosshard entstanden.

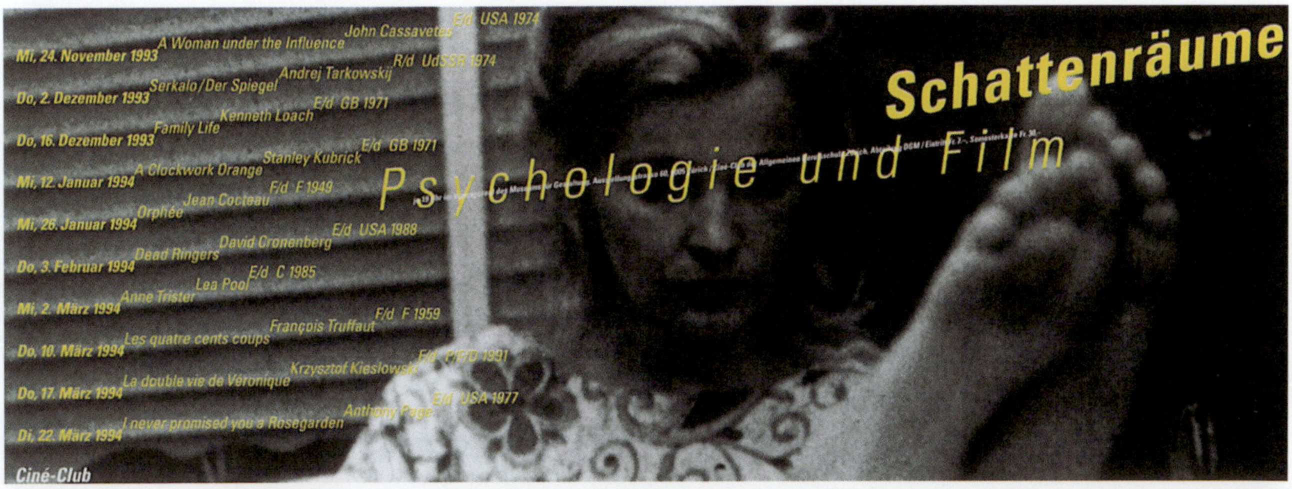

1
Filmplakat, 1993.
Samuel Marty.
2
Filmplakat, 1993.
André Heller.

Stelle mit typografischen Mitteln deinen Namen visuell und schwarzweiß dar. Persönlichkeit und Eigenschaften sollen sichtbar sein.

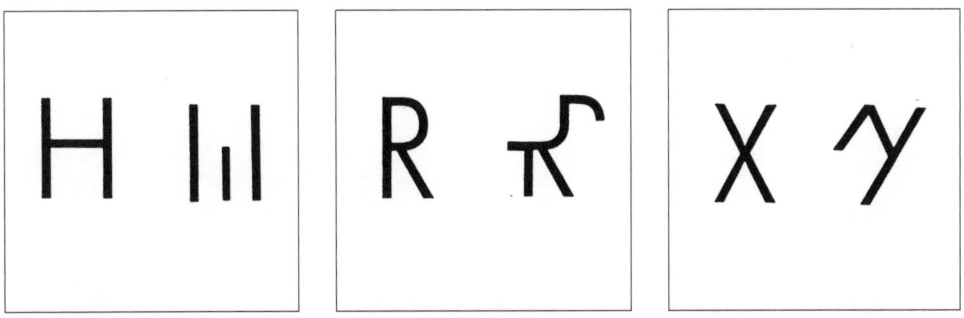

Setze die Anfangsbuchstaben deines Namens anders zusammen, ohne dass Teile der Buchstaben weggelassen werden. Mache aus deinen Initialen neue Bildzeichen.

Benötigt werden für diese Aufgabe eine Porträtaufnahme, ein Alphabet und die Initialen. Lasse in beliebigen Stufen immer mehr Buchstaben weg, bis am Schluss noch deine Initialen übrigbleiben.

Stelle ein Naturereignis wie Apollinaire mit Schrift dar. Zum Beispiel: Gewitter, Nebel, Schnee, Wasser, Fluss, Wasserfall usw.

Suche oder fotografiere ein Ereignis und schreibe einen passenden Text dazu. Gestalte ein Plakat mit den Elementen Text und Bild.

Bibliografie
Begleitliteratur zum Band 4

Aus folgenden Büchern wurden Bilder und/oder Texte mit Genehmigung der Autoren und der Verlage entnommen:

Ausbildung in typografischer Gestaltung
Hans-Rudolf Lutz
Verlag Hans-Rudolf Lutz, Zürich 1987

Bauordnungslehre
Ernst Neufert
Berlin 1943

Bildlehre
Der sehende Mensch
H. Kleint
Schwabe, Basel 1980

Bücher machen
Jost Hochuli
Agfa Corporation, 1989

Bücher machen: Theorie und Praxis
Jost Hochuli und Robin Kinross
VGS Verlagsgemeinschaft, St. Gallen 1996

Das Detail in der Typografie
Jost Hochuli
Compugraphic Corporation, Wilmington (Mass.) 1987

Das erzählerische Werk
Band 2, 1930–1933
Friedrich Glauser
Limmat-Verlag, Zürich 1992

Der Goldene Schnitt
Otto Hagenmaier
Heinz Moos Verlag, Heidelberg 1963

Der Mensch auf seiner Erde
Georg Gerster
Atlantis Verlag, Zürich 1975

Die Buchdruckerkunst im alten St. Gallen
Hermann Strehler
Zollikofer & Co., St. Gallen 1967

Die Grafik-Sprache des Neville Brody
Bangert Verlag, München 1994

Eine Typografie
Adrian Frutiger
Vogt-Schild, Solothurn 1995

Einführung zur Formenlehre
Hans Rudolf Bosshard
Verlag Schule und Büro, Zürich 1971

fenfazwanzich.
25 Jahre: Layout-Setzerei Stulle.
Stulle GmbH, Stuttgart 1989

Gefesselter Blick, Reprint
Heinz Rasch und Bodo
Lars Müller Verlag, Baden 1996

Gestaltgesetze
Hans Rudolf Bosshard
Verlag Schule und Büro, Zürich 1971

Gestalt und Funktion der Schrift
Albert Kapr, Walter Schiller
VEB Fachbuchverlag, Leipzig 1977

Grundregeln der Buchtypographie
Stanley Morison
Angelus-Drucke, Bern 1966

Grundregeln der Buchtypographie
Stanley Morison
Carl Heymanns Verlag KG, Köln 1987

kalte Kunst? – zum Standort der heutigen Malerei
Karl Gerstner
Verlag Arthur Niggli, Teufen 1957

Kompendium für Alphabeten
Systematik der Schrift
Karl Gerstner
Verlag Arthur Niggli, Teufen 1965

Kunst und Sehen
Rudolf Arnheim
Walter de Gruyter, Berlin 1978

Leben und Werk des Typographen Jan Tschichold
K. G. Saur, München 1988

lechts rinks
Baumann & Baumann
Verlag Gerd Hatje, Stuttgart 1995

Mathematische Grundlagen zur Satzherstellung, Band 2
Hans Rudolf Bosshard
BST Verlag, Bern 1985

Methodik der Form- und Bildgestaltung
Armin Hofmann
Verlag Arthur Niggli, Teufen 1965

Nicolaus Ott + Bernard Stein, Vom Wort zum Bild und zurück
Verlag Ernst & Sohn, Berlin 1992

poesie der systematik – design:
schmidt rhen
verlag hermann schmidt, mainz 1996

Proportion
Hans Rudolf Bosshard
Verlag Schule und Büro, Zürich 1973

Rhythmus und Proportion in der Schrift
Walter Kaech
Walter Verlag, Olten 1956

Schrift, die Zerstörung der Nacht
Philipp Luidl
TGM 1993

Schriften erkennen
Sauthoff, Wendt, Willberg
Verlag Hermann Schmidt, Mainz 1997

Technische Grundlagen zur Satzherstellung, Band 1
Hans Rudolf Bosshard
Verlag BST, 1980

The End of Print
David Carson
Bangert Verlag, 1995

Typografie
Emil Ruder
Verlag Arthur Niggli AG, 1967

Typografie
Herkunft, Aufbau, Anwendung
Philipp Luidl
Schlütersche Verlagsanstalt, 1984

Typography now
Poynor Rick, Edward Booth-Clibborn
Booth-Clibborn edition, 1991

Typoundso
Hans-Rudolf Lutz
Verlag Hans-Rudolf Lutz, Zürich 1996

Vesc' Objet Gegenstand
Il'ja Erenburg, El Lisickij
Verlag Lars Müller, Reprint 1994

Wolken.Heim.
Elfriede Jelinek
Steidl Verlag, Göttingen 1993

Wort Bild Wort
Type Directors Club of New York
Verlag Hermann Schmidt, Mainz 1989

Dank

Herzlichen Dank Klara Jahn und Jean-Pierre Graber für die unermüdliche inhaltliche Unterstützung.
Dem Autorenteam Richard Frick, Werner Meier, Renata Minoretti und Martin Sommer danke ich für die tatkräftige Mithilfe.
Ich danke Hans Rudolf Bosshard, Max Caflisch, Caro Grimm, Anna Rüegg, Christian und Florian Westermann für die wertvollen Hinweise.
Walter Fürst, Datta Jitananda, Hanspeter Müller, Bruno Staiano, und Toni Wenger danke ich für die Mithilfe bei den Satz- und Lithoarbeiten.
Ein ganz spezieller Dank gebührt Hans Kern. Ohne seinen großen Einsatz wäre die Herausgabe dieser Lehrmittel nicht möglich gewesen.

Kritik und Anregungen

Anregungen, Korrekturen, Änderungsvorschläge und Ergänzungen werden vom comedia-Verlag gerne entgegengenommen und bei einer Neuauflage berücksichtigt.